岩石与矿物
闪闪发光的宝藏

水的旅行
奇妙的地球环游记

神奇的鸟类
翱翔的空中猎人

有趣的力学
看不见的魔法师

飞越太阳系
人类的太空家园

地球的故事
46亿年的奇迹

西方艺术

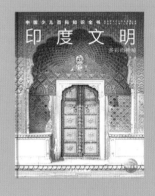

印度文明
多彩而神秘

南极和北极
前往世界尽头

鲸豚王国
从四足小兽到海洋巨兽

奇趣物理
小到微粒，大至宇宙

化学世界
危险又迷人

太空之旅
从遥望星空到穿越虫洞

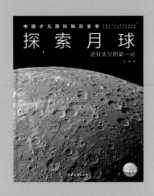

探索月球
进驻太空的第一站

U0313020

中国少儿百科知识全书 精装典藏本
ENCYCLOPEDIA FOR CHILDREN
精彩内容持续更新，敬请期待

ENCYCLOPEDIA FOR CHILDREN

中国少儿百科知识全书

有趣的力学

看不见的魔法师

何兆太／著

少年儿童出版社

为什么风车"咕噜咕噜"转动，就能把水从低处引到高处？为什么汽车既可以在马路上疾驰，又可以立即停下来？为什么八大行星沿着各自的轨道，绕着太阳运行？无处不在的力就像看不见的魔法师，给我们的生活带来活力。

力的世界丰富多彩，妙不可言。离心力可以把衣服甩干，浮力让我们尽享游泳的乐趣，力还能让飞机起飞、让火箭升空。力创造了许多伟大的奇迹，但也有可能给我们带来危险和伤害。惯性的存在提醒你坐车时要系好安全带，抓好扶手；而温柔的水有时候也会成为可怕的伤人利器！

中国少儿百科知识全书
ENCYCLOPEDIA FOR CHILDREN

总　序

科技是第一生产力，人才是第一资源，创新是第一动力，这三个"第一"至关重要，但第一中的第一是人才。千秋基业，人才为先，没有人才，科技和创新皆无从谈起。不过，人才的培养并非一日之功，需要大环境，下大功夫。国民素质是人才培养的土壤，是国家的软实力，提高全民科学素质既是当务之急，也是长远大计。

国家全力实施《全民科学素质行动规划纲要（2021—2035 年）》，乃是提高全民科学素质的重要举措。目的是激励青少年树立投身建设世界科技强国的远大志向，为加快建设科技强国夯实人才基础。

科学既庄严神圣、高深莫测，又丰富多彩、其乐无穷。科学是认识世界、改造世界的钥匙，是创新的源动力，是社会文明程度的集中体现；学科学、懂科学、用科学、爱科学，是人生的高尚追求；科学精神、科学家精神，是人类世界的精神支柱，是科学进步的不竭动力。

孩子是祖国的希望，是民族的未来。人人都经历过孩童时期，每位有成就的人几乎都在童年时初露锋芒，童年是人生的起点，起点影响着终点。

培养人才要从孩子抓起。孩子们既需要健康的体魄，又需要聪明的头脑；既需要物质滋润，也需要精神营养。书籍是智慧的宝库、知识的海洋，是人类最宝贵的精神财富。给孩子最好的礼物，不是糖果，不是玩具，应是他们喜欢的书籍、画卷和模型。读万卷书，行万里路，能扩大孩子的眼界，激发他们的好奇心和想象力。兴趣是智慧的催生剂，实践是增长才干的必由之路。人非生而知之，而是学而知之，在学中玩，在玩中学，把自由、快乐、感知、思考、模仿、创造融为一体。养成良好的读书习惯、学习习惯，有理想，有抱负，对一个人的成长至关重要。

为孩子着想是成人的责任，是社会的责任。海豚传媒

与少年儿童出版社是国内实力强、水平高的儿童图书创作与出版单位，有着出色的成就和丰富的积累，是中国童书行业的领军企业。他们始终心怀少年儿童，以关心少年儿童健康成长、培养祖国未来的栋梁为己任。如今，他们又强强联合，邀请十余位权威专家组成编委会，百余位国内顶级科学家组成作者团队，数十位高校教授担任科学顾问，携手拟定篇目、遴选素材，打造出一套"中国少儿百科知识全书"。这套书从儿童视角出发，立足中国，放眼世界，紧跟时代，力求成为一套深受 7 ~ 14 岁中国乃至全球少年儿童喜爱的原创少儿百科知识大系，为少年儿童提供高质量、全方位的知识启蒙读物，搭建科学的金字塔，帮助孩子形成科学的世界观，实现科学精神的传承与赓续，为中华民族的伟大复兴培养新时代的栋梁之材。

"中国少儿百科知识全书"涵盖了空间科学、生命科学、人文科学、材料科学、工程技术、信息科学六大领域，按主题分为120册，可谓知识大全！从浩瀚宇宙到微观粒子，从开天辟地到现代社会，人从何处来？又往哪里去？聪明的猴子、忠诚的狗、美丽的花草、辽阔的山川原野，生态、环境、资源、水、土、气、能、物，声、光、热、力、电……这套书包罗万象，面面俱到，淋漓尽致地展现着多彩的科学世界、灿烂的科技文明、科学家的不凡魅力。它论之有物，看之有趣，听之有理，思之有获，是迄今为止出版的一套系统、全面的原创儿童科普图书。读这套书，你会览尽科学之真、人文之善、艺术之美；读这套书，你会体悟万物皆有道，自然最和谐！

我相信，这次"中国少儿百科知识全书"的创作与出版，必将重新定义少儿百科，定会对原创少儿图书的传播产生深远影响。祝愿"中国少儿百科知识全书"名满华夏大地，滋养一代又一代的中国少年儿童！

中国科学院院士
火山地质与第四纪地质学家　

目　录

奇妙的力学世界

无处不在的力就像看不见的魔法师，既让大自然充满活力，又让我们的城市有序运行。

力和运动

天空中的众多星星，在宇宙"钟表"里极有规律地运行着。过去，人们将其归功于一个伟大的"钟表匠"。

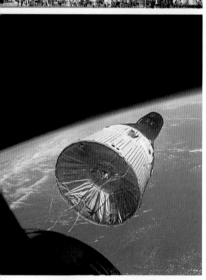

揭秘更多精彩！

奇趣AI动画

走进"中百小课堂"
开启线上学习

让知识动起来！

扫一扫，获取精彩内容

巨大的能量

生活中的一切都离不开能量，能量不会凭空产生和消失，只会"变身"或"逃窜"。

材料中的力学奥秘

"泰坦尼克"号坚硬的船体在冰冷的海面断成两截，国家体育场（鸟巢）镂空的钢巢内没有一根立柱……

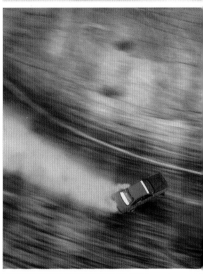

气体和液体中的力学

气体和液体时而温和，时而狂暴。如果顺应它们的脾气，我们就可以漫游大海、遨游天空。

附　录

无处不在的力

忙碌的蜜蜂四处飞行，细长的树枝迎风摇曳，矫健的汽车在马路上穿梭，巨型轮船漫游大海，超级火箭冲入太空……这一切都是力的功劳。无处不在的力就像看不见的魔法师，它尽情地施展各种魔法，既能让大自然充满生机，又能让整个世界有序地运行。

户外攀岩时，攀岩者需要手抓、脚蹬附着物（作用点），并把握好力度（大小），奋力向上（方向）爬，否则就很容易失足跌落。

什么是力？

力是什么？它大概是一位隐形怪吧！虽然我们看不见摸不着，但总能见识到它的厉害：飞机可以飞到几万米的高空，可一旦燃料即将耗尽，它也要乖乖地降落到地面。否则，它就会被引力拽到地面，遭遇机毁人亡！

此外，力恐怕还是世界上最忙碌的变身大师！它一会儿在开门，一会儿在驾驶汽车，一会儿又带着轮船四处漫游，一眨眼还得将宇宙飞船送往太空……除了爱运动，它有时也会表演"定身术"：让大门紧闭，让汽车刹车，让轮船停在码头……你以为结束了吗？不，它还会让一切"变形"：让弹簧变长变短，让手臂变弯变直……

巨大的能量

大自然里存在许多奇妙的力，狂风让树木连根拔起，惊涛把沙石卷进海里……如果人们加以利用，就可以获得巨大的能量。在古代，人们便发明了风车，风吹动风车"咕噜咕噜"转动，接着，风车把水从低处传送到高处，灌溉农田。现在，人们依靠风力带动风轮的叶片转动，驱动风力发电机发电。水电站开闸放水时，高处的水往低处倾泻，可以带动水轮机转动，从而驱动发电机发电。

知识加油站

力的三种魔法

- **大小**：力有大有小，吹起一粒重约 0.000 000 1 克的灰尘只需"吹灰之力"，但盘古开天辟地需要使出"洪荒之力"。
- **方向**：力不是四处飞散的，它十分守规矩，只朝着特定的方向。你向左踢球，球会向左飞；你朝右踢，球就向右飞。
- **作用点**：试试握住门把手推开门，轻松吧！再试试从门最内侧用力推门，费劲吧！这就是力的作用点在作怪。

弹 力

当跳水运动员跳水时，变形的跳板会产生弹力，将运动员高高弹起。

万有引力

巨大的万有引力既能吸引小小的苹果落地，又能牵引八大行星围绕太阳转动。

浮 力

由于轮船的船体是空心的，它排开水的体积非常大，由此产生的强大浮力就能让轮船漂浮在水面上。

各种各样的力

力的作用效果非常多，可以让物体静止、前进、浮起、转动和变形……

电磁力

有了电磁力，磁悬浮列车就可以不接触轨道，悬浮在空中。一辆高速磁悬浮列车的运行速度可达430千米／时。

摩擦力

汽车轮胎上凹凸不平的花纹，让轮胎与地面之间的摩擦力大大增加，汽车因此可以自如地驱动、制动和转向。

力学之父——阿基米德

阿基米德

公元前 287 年，古希腊著名哲学家、数学家、物理学家阿基米德诞生于西西里岛。从小，阿基米德就对数学和天文学有着浓厚的兴趣。十几岁时，他前往"智慧之都"亚历山大城，开始了求学之旅。在那里，阿基米德有幸结识了著名的"几何之父"——欧几里得，并师从欧几里得的学生科农，潜心学习数学、物理学和天文学。也是在那里，阿基米德开启了一生辉煌的科学生涯，最终成了举世闻名的"力学之父"。

阿基米德的方法

银锭溢出的水量多。

金锭溢出的水少。

王冠溢出的水比金锭多。

巧破王冠之谜

相传在两千多年前，叙拉古的国王雇佣金匠打造了一顶纯金王冠。当金匠将精致的王冠献给国王后，国王怀疑王冠并非纯金。但王冠的重量没有减少，又不能损坏王冠，如何才能判断王冠是否掺假呢？正在国王束手无策时，有人建议请大科学家阿基米德来鉴别王冠的真伪。

起初，阿基米德也百思不得其解。有一天，当他踏进加满热水的浴缸时，热水溢了出来。阿基米德突然受到启发，立刻茅塞顿开，兴奋地叫道："我知道了！我知道了！"为了寻找答案，阿基米德开始反复地实验：首先，他制作了一块金锭和一块银锭，重量均和王冠相等。然后，他将金锭和银锭分别放入装满水的容器里，再将各自溢出的水加以比较。结果显示：放入银锭溢出的水明显更多。阿基米德用同样的方法检验了放入王冠后溢出的水，测量的结果是，放入王冠后溢出的水比金锭溢出的更多，这证明王冠并非由纯金制成。

原来，金锭的密度比银锭大，当它们一样重时，金锭的体积更小，排出的水也就更少一些。

发现阿基米德定律

破解王冠的秘密后，阿基米德发现，问题并没有那么简单。他尝试将各种形状的物体纷纷浸入水中，发现它们好像被一个向上的力托举着，这就是浮力。物体在水中的浮力大小等于物体排开的水所受的重力大小，这就是著名的"阿基米德定律"。

撬动地球的力

　　早在石器时代,人们就懂得利用杠杆撬动岩石,但并没有人深入研究过其中的奥秘。年轻的阿基米德也注意到:为了节省力气,农民经常用吊杆提水,用木棍撬动石块。受到这些现象的启发,阿基米德发现了著名的"杠杆原理"。怀着激动的心情,阿基米德给国王写了封信,他在信中写道:"我不费吹灰之力,就可以随便移动任何重量的东西。给我一个支点,我就能撬动整个地球。"正好当时,叙拉古国王为古埃及法老制造了一艘大船,由于船身太重,船已经在岸边搁浅了很多天。于是,国王请阿基米德想办法拖动海岸边的大船。阿基米德设计出一套复杂的杠杆和滑轮系统安装在船上,将绳索的一端交到国王手上。国王轻轻拉动绳索,奇迹出现了,大船开始缓缓地挪动,顺利入海。

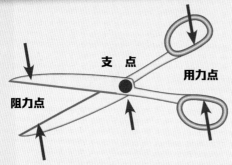

什么是杠杆?

　　在一根棍子下放一个支撑的物体,就可以用它撬起重物了,这样的简单机械就是杠杆。杠杆上有三个重要的位置:支撑着杠杆的支点,用力的位置——用力点,以及克服阻力的位置——阻力点。

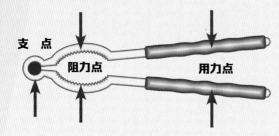

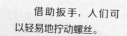

借助扳手,人们可以轻易地拧动螺丝。

比萨斜塔的奇迹

在意大利比萨城的奇迹广场上，一座倾斜的独立式钟塔矗立于此，这座屹立不倒的建筑就是举世闻名的比萨斜塔。1174 年，比萨斜塔开始动工。在建造之初，设计师博南诺·皮萨诺将它设计成正常的直立形态。但让人意想不到的是，比萨斜塔的地基土层非常复杂，土壤中含有大量柔软的黏土质物质和砂质淤泥。当比萨斜塔建到第三层时，整座塔开始发生明显的倾斜，比萨斜塔的修筑计划只好暂停下来。

动工、停工、动工……

1272 年，比萨斜塔的建筑师迪·西莫内开始继续动工。他想：万有引力每时每刻都在发挥作用，让塔变轻或许能减缓倾斜的速度。于是迪·西莫内开始选用轻质建筑材料，以减轻比萨斜塔的重量，从而减少斜塔的重心偏离。同时，他还将斜塔上层朝相反方向倾斜搭建，以补偿已经发生的重心偏离。但这一做法却导致塔身不再呈直线，而是变成了凹形，倾斜反而开始加速，工程不得不再次暂停。

几十年后，建筑师托马索·皮萨诺再次动工。一直到 1372 年，历时大约两百年后，比萨斜塔终于竣工。虽然这座高达 55 米的 8 层钟楼已经竣工，但倾斜却从未停止。随后几百年的时间里，比萨斜塔经历着倾斜、被扶正、趋于平稳、倾斜……坍塌的威胁似乎从未远离过比萨斜塔，但人们会一直不遗余力地保护这座伟大的建筑奇迹。

斜而不倒之谜

几个世纪以来，比萨斜塔缓慢地倾斜着，它似乎与地基下方的土层达到了某种程度的平衡。为了解开比萨斜塔斜立近千年而不倒的谜底，科学家们花费了大量时间，利用各种各样的技术，试图一探究竟。

意大利著名中古史学家皮洛迪教授认为，建造塔身的每一块石砖都是石雕佳品，石砖与石砖之间黏合得十分紧密，有效地防止了塔身因倾斜而引发的断裂，从而保证了斜塔斜而不倒。

比萨斜塔斜而不倒，究其根本，在于斜塔保持了平衡。科学家通过反复的测算，找到了斜塔的重心，然后在重心点向地面作铅垂线，即斜塔的重力作用线，发现斜塔的重力作用线在斜塔的地基范围之内。比萨斜塔既受到向下的重力，又受到地面向上的支持力，这两个力相互抵消，形成了一对平衡力，比萨斜塔也因此斜立近千年而不倒。

重 心

拉 力　　　　　　拉 力

左边儿童对绳子的拉力和右边儿童对绳子的拉力达成平衡。

支持力

重 心

重 力

杠铃的重力和举重运动员对其向上的支持力达成平衡。

💡 知识加油站

力的平衡

当作用在同一物体上的两个力在一条直线上，并且大小相等、方向相反时，它们就达成了力的平衡。

中国的"比萨斜塔"

中国上海也有一处千年奇观——护珠塔。它始建于1079年，千百年来，由于地基变动，塔身逐渐发生了倾斜，如今，它的倾斜度已经超过了比萨斜塔。

港珠澳大桥

即使桥面非常重，位于中国珠江三角洲的港珠澳大桥也不会坠入水中。重力将桥面向下拽，但钢缆索却将桥面向上拉，桥墩也有力支撑着桥面。向下的重力和向上的拉力、支持力互相抵消，保持了港珠澳大桥的平衡，让它得以纵贯香港、珠海和澳门。

经典力学之旅

大部分力的作用效果我们都能观察或感受到，它们属于经典力学的范畴。不过，当物体运动的速度非常快，甚至接近光速时，经典力学不再适用，需要用相对论力学来研究。当物体的大小接近原子、分子时，我们选择用量子力学来研究。

遥远的古代

在劳动生产中，人们广泛应用杠杆、滑轮、斜面等简单机械，为力学的发展奠定了基础。

前 5 至前 4 世纪

在中国，流传后世的墨家著作《墨子》最早出现了关于力学理论的记载。

前 4 世纪

由于生产力水平低下，没有太多的科学仪器，力学的发展受到限制。以亚里士多德为代表的古希腊哲学家认为：物体越重，下落得越快。

开普勒和他的老师第谷

1609 年

开普勒出版《新天文学》，提出了"开普勒第一定律"和"开普勒第二定律"。9 年后，他又在《宇宙和谐论》中提出了"开普勒第三定律"。后世尊称他为"天空立法者"。

前 3 世纪

古希腊科学家阿基米德提出了"杠杆原理"和"阿基米德定律"，他也因此被誉为"力学之父"。

1543 年

哥白尼创作的《天体运行论》出版，他推翻了以地球为中心的"地心说"，创立了"日心说"，认为太阳处于宇宙的中心。

哥白尼的宇宙体系

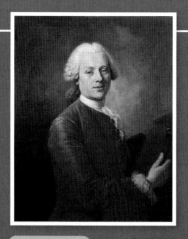

1788 年

拉格朗日吸收和发展伯努利、达朗贝尔等人的研究成果，创作出《分析力学》，成为分析力学的创立者。至此，经典力学已趋于完善。

1743 年

达朗贝尔最伟大的物理学著作《动力学》问世，他提出了"达朗贝尔原理"，将复杂的力学分析变得简单许多。

1610 年

这一年，伽利略出版了《星际使者》一书，有力地支持了哥白尼的"日心说"。后来，他又在比萨斜塔上完成了"两个铁球同时落地"的著名实验，推翻了亚里士多德的学说，建立了落体定律。

1717 年

约翰·伯努利提出了"虚位移原理"，力学原理越来越丰富。值得一提的是，他来自产生过 11 位数学家的大家族——伯努利家族。

牛顿的雕像和他发明的望远镜

1687 年

牛顿提出了"牛顿运动定律"及"万有引力定律"，被誉为"经典力学之父"。

1644 年

笛卡儿在《哲学原理》一书中明确指出：只要物体开始运动，就会继续以同一速度并沿着同一直线方向运动，直到某种外来原因造成阻碍或偏离为止。

1653 年

来自法国的著名物理学家帕斯卡发现了"帕斯卡定律"，为了纪念他的成就，人们用他的名字作为表示压强的单位。此外，他还是数学家，发明过一种特别的加法器。

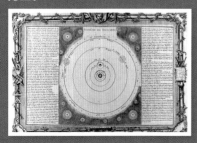

笛卡儿的宇宙体系

帕斯卡发明的加法器

天空 "钟表匠"

整个宇宙就像一个齿轮密集、运行完美的机械钟表，众多的星星在其中极其规律地运行着。过去，人们认为，上帝就是创造机械宇宙的伟大"钟表匠"。不过，这个运行完美的钟表时常有意外发生，比如彗星划破天际。神秘的彗星运气并不好，它曾一度被人们视为象征灾难的扫把星。

17 世纪，英国的天才科学家 —— 牛顿诞生，他用完美的数学语言，写下了大自然的定律——万有引力定律，它适用于苹果、月球、行星和其他一切物体！人们认识到：万有引力定律就是那个"钟表匠"，它精巧地操纵着整个宇宙。

哈雷彗星

在太阳系中，哈雷彗星个头并不大，只是太空中的一块"冰石"。它在一条十分奇特的轨道上运转，大多数时候，它都在海王星的轨道之外。离太阳太远时，它的速度会渐渐慢下来。不过，它的一举一动都在太阳的掌控之中，一旦离得太远，太阳的引力会将它拽回来，让它向太阳系的中心慢慢靠拢。

大胆的预测

英国物理学家埃德蒙·哈雷对彗星研究极有兴趣，1705 年，他信心满满地预言：1682 年曾引起世人极度恐慌的大彗星，将于 1758 年底再次返回。果然，这颗大彗星如期而至。哈雷能做出这样精准的预测，离不开他的挚友 —— 牛顿对万有引力的发现。相传，正是在哈雷的鼓励下，牛顿将他的万有引力定律等研究成果出版成册，为后世所了解。

万有引力定律

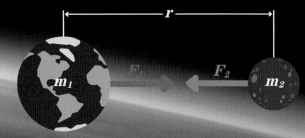

$$F_1 = F_2 = G \frac{m_1 \cdot m_2}{r^2}$$

地球对月球的吸引力，和月球对地球的吸引力一样大。这个力的大小与地球和月球的质量息息相关，也随着地球和月球之间距离的变化而变化。

挣脱引力的速度

第一宇宙速度：当发射速度达到 7 900 米／秒时，人造卫星环绕地球运行。

第二宇宙速度：当发射速度达到 11 200 米／秒时，人造卫星挣脱地球的引力，开始绕太阳运动，或飞到其他行星上。

第三宇宙速度：当速度达到或大于 16 700 米／秒时，人造卫星挣脱太阳的引力，飞到太阳系以外的宇宙空间去。

16 700 米／秒

11 200 米／秒

7 900 ～ 11 200 米／秒

7 900 米／秒

会变化的重力

地球是太阳系中最神奇的星体，它孕育了生命。人类从诞生之日起，就必须习惯一件事情，那就是地球的引力。因为引力的存在，人类得以稳稳地站在大地上，行走奔跑。即使高高跳起，也会快速回到地面。地球上的一切都逃不出地球的引力：雨雪洒向大地，果子熟透后坠落……这种吸引力形成了物体的重力。但它们并不完全是一回事！这是因为，地球对物体的引力，一部分成为物体的重力，另一部分提供物体随地球自转的向心力。在赤道上，物体的向心力最大，这时重力最小；相反，在南北极，物体的向心力最小，重力最大。

垂挂的葡萄，降落的雪花，飘落的树叶……地球上的万物早已习惯了地球对它们的引力。

重力探矿

在矿石密集的地区，物体受到的重力会比周围地区稍大一些。根据这种重力异常现象，人们可以探测地下的矿床。

研究人员正在使用重力仪测定火山上的重力值，以了解火山的活跃程度。

太空中的失重感

从远古时代起，人类便幻想能够飞向太空。20 世纪，这个伟大的愿望变成了现实！运载火箭载着宇宙飞船，也载着一代一代的航天员，冲破天际，飞向了浩瀚的宇宙。

"危险"的失重

在太空中，航天员处于失重状态。他们在飞船里与飞船一起围绕地球运行，这时地球引力充当了向心力，维持他们做圆周运动。失重状态下的人们，最先感受到的是飘浮，身体变得非常轻盈，但也会产生不适感，比如鼻腔充血、鼻子不通气。因此，航天员需要进行专业的失重训练，并严格遵守太空中的"生活指南"。

太空生活指南

运动：你可以自由地飞来飞去，随时都能停下来！

睡觉：你需要将睡袋挂在舱壁上，睡觉的时候钻进去。挂在墙上睡的感觉也很舒服！

吃饭：别吃容易掉渣的食物，渣子会飘进你的眼睛和鼻孔里。把食物装在类似牙膏软管的容器中，吃的时候直接挤在嘴里。

喝水：水不会乖乖地流进杯子里！你需要把水装在带有管子的塑料袋内，喝的时候把管子含在口中，轻轻挤一挤水袋。

太空小夜曲

大多数时候，只有实验用品、生活必需品和太空站本身的补给能被允许带上太空，但航天员并不总是"循规蹈矩"。1965 年，双子星座 6A 号宇宙飞船的两名航天员将 1 把口琴和 1 个雪橇铃铛"偷运"带到太空中，并合作了一曲《铃儿响叮当》，他们自诩为"小夜曲特派团"。其实，在太空中演奏并不容易，由于失重，敲一个键或是吹一口气都有可能将人推倒。

难以置信的太空工艺

　　在太空失重的条件下，人们可以制造出地球上难以生产的许多产品。例如，地球上很难制造出很长的玻璃纤维，因为液态的玻璃丝来不及完全凝固，由于受到重力，玻璃丝会被拉成小段。而在太空中，制造出几百米长的玻璃纤维变得轻而易举。如果向液态金属中加入气体，气泡不会上浮也不会下沉，而是均匀地分布在液态金属中。液态金属凝固后就成了泡沫金属。人们用这种方法制造出泡沫钢，它们又轻又结实，非常适合制作机翼。

航天员水下训练

　　为了让航天员掌握在太空失重环境下的生存技能和操作技能，人们需要模拟太空的失重环境，中性浮力水槽便是模拟太空失重环境必不可少的设施之一。

这是从双子星座 6A 号宇宙飞船上拍摄的双子星座 7 号宇宙飞船。

地面上的失重感

　　在地面上，要想拥有身轻如燕的感觉并没那么容易，但你依然能体验失重的刺激感。过山车、滑水道、滑雪等项目，都是不错的选择。不过体验这些项目时，一定要有良好的身体素质，做好心理准备，并格外小心！

什么是失重？

　　向上做减速运动，或者向下做加速运动时，人们都会感觉到失重。失重并不是重力减小了，而是物体对支承物的压力变小了。

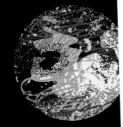

🔅 知识加油站

　　1961 年 4 月 12 日，在拜科努尔火箭发射场，一支重型火箭腾空而起，飞向太空。火箭上搭载着一个直径 2.3 米的密闭球体，也就是东方 1 号宇宙飞船。飞船里坐着世界上第一位进入外层空间的航天员——尤里·加加林。从此，人类进入了探索太空的新时代。

两个铁球同时落地

自由落体实验

伽利略出生在意大利的比萨城，是著名的数学家、物理学家和天文学家。25岁时，他已经当上了数学教授。当时人们都对古希腊哲学家亚里士多德深信不疑，认为物体下落时，重物比轻物落得快。善于思考的伽利略却发现了一个悖论：如果用绳子把重的物体和轻的物体系在一起，它们下落得更快还是更慢？一方面，轻物拖慢了重物的速度，花费的时间应该比重物单独落地的时间要长；另一方面，它们整体的质量更大了，应该更快降落到地面上。难道亚里士多德错了？

在一个晴朗的日子，为了寻找问题的答案，伽利略在比萨斜塔上，当着众人的面，做了一个著名的实验：他让两个质量不同的铁球同时下落。观看的人们原以为质量大的铁球会先落地，结果却出乎大家的预料，两个铁球几乎同时落地。

从吊灯到单摆

早在伽利略18岁的时候，他就察觉到了一个"不科学"的现象。在一次教会活动中，伽利略发现教堂的吊灯被点亮后，轻轻摆动起来，摆动的幅度越来越小，但往返一次所需要的时间却没有变化。为什么时间不会越来越短呢？回到家后，他用绳子系上一个石头，制成单摆，开始反复实验。经过一次次验证，伽利略明确提出了"摆的等时性"。

重力加速度

亲身体验自由落体运动是一种什么感觉？在无风的晴天，蹦极爱好者从几十米甚至上百米的高空纵身一跃，他们的坠落速度越来越快，几秒钟后到达最低点。你会发现，蹦极的人身材各异，体重不一，但他们从同一个地方跳下，所花费的时间几乎相同。这是因为，在近似自由落体的运动中，他们拥有一样的重力加速度。

自由落体运动是指只在重力作用下，物体从静止状态开始降落的运动。

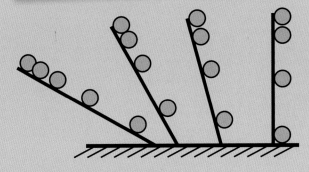

斜面实验

令人咋舌的比萨斜塔抛球实验结束后，伽利略信心倍增，为了进一步验证自己的猜想，伽利略又做了著名的斜面实验。

他找来一个长度超过 10 米的木板，在中间挖开一道很光滑的槽，为了让木槽光滑些，他还在槽里铺上一层光滑的羊皮纸。一切准备就绪后，伽利略将木板的一端垫高，让小球从高的一端自由滚下，并记下木板一端的高度，以及滚到低端所需要的时间。再把木板一端逐渐垫得更高，继续让小球滚落，每一次都精准地记下高度和时间。然后，以同样的方式，让小球从槽的一半、四分之一处滚落……

反复做了上百次实验后，伽利略终于推算出了一个规律：小球沿斜面滚下时，它的速度随着时间的增加而增加，而它下落的距离与所用时间的平方成正比。

惊人的爆发力

捕食者需要很强的爆发力，这种爆发力来自巨大的加速度（描述物体速度变化快慢的物理量）。猎豹是奔跑之王，它的速度能瞬间增至30米／秒，比百米世界冠军的速度还要快两倍多。在它的追捕下，许多猎物都难以逃脱。被捕食者要想逃过追捕，也需要有良好的灵活性。兔子在遇险时拔腿就跑，常常幸免于难。

生死时速

不同于一般的汽车需要30秒，赛车只需要10秒甚至更短时间就可以达到最大速度。赛车运动员为了取得更好的成绩，会精心挑选自己的"坐骑"，赛车的驱动系统比一般的车强大得多。

保持行进，保持静止

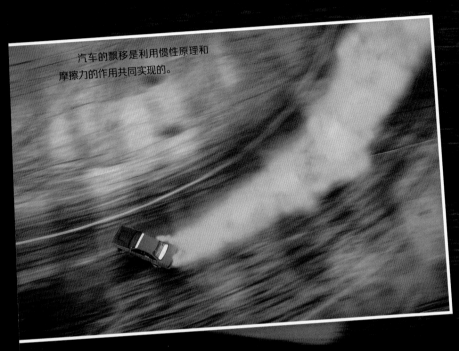

汽车的飘移是利用惯性原理和摩擦力的作用共同实现的。

一辆公共汽车平稳地行驶在公路上，前方突然出现了一个紧急情况。司机迅速踩住刹车，车虽然停下来了，可是乘客们却不由自主地向前倾倒，挤在一起。这是因为惯性在捣鬼。

一辆表演特技的汽车在即将进入弯道时，突然拉起手刹。这时，车辆重心前移，前轮仍然有抓地力，后轮却因为惯性发生甩尾。为了避免甩尾过头，赛车手快速反打方向盘，待到车身对正出弯道方向，再回正方向盘，完成飘移。

保持行进

　　伽利略与亚里士多德似乎是一对天生的"死对头"！在比萨斜塔上，伽利略用"两个铁球同时落地"的实验，让大哲学家亚里士多德颜面扫地。这一次，他们又将较量的焦点转向力究竟是什么。

　　亚里士多德认为，力是维持物体运动的原因。但伽利略又有异议。他将两个光滑的斜面相连，让小球从一个斜面滚下来。他发现，小球下落和上升的高度总是一样的。于是，他提出了一个天才的设想：如果将第二个斜面放到水平状态，因为斜面绝对光滑，毫无摩擦力，而且无限延伸，这颗小球将永远匀速向前运动。最终，他推导出一个结论：力不是维持运动的原因，而是改变运动的原因。

　　在直觉与实验的较量中，亚里士多德又一次败下阵来。其实，在这场实验中，让小球保持行进的"魔法师"是惯性运动。

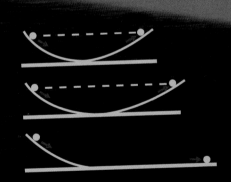

假如没有摩擦力……

　　伽利略的天才设想中提道：平面要绝对光滑，毫无摩擦力！假如没有摩擦力，小球的确可以一直保持行进，但我们也将陷入困境：你一动就会从床上滑到地上，你拿衣服就像抓一条滑溜溜的泥鳅，你拿不起筷子，筷子也夹不起饭菜……世界失去控制，太可怕了！

滑滑板时，右脚向后蹬地，地面给人向前的摩擦力，人带动滑板快速前进。抬起右脚后，地面给滑板向后的摩擦力，如果右脚一直悬空，滑板将渐渐停下来。

保持静止

伽利略用斜面实验将物体运动时的"惯性定律"近乎完美地演绎出来。但是，物体还有保持静止的属性。书放在桌上，如果没有人拿走它，总是留在原处；列车停在车站，如果没有人驾驶，总是停在原地。牛顿注意到这一点，他把运动和静止巧妙地结合起来，总结出了牛顿第一运动定律：在没有外力作用的情况下，物体的运动状态就不会改变，原来静止的物体继续静止，原来运动的物体还将以原来的速度沿直线继续运动下去。

儿童乘坐小轿车，要坐在后排，并系好安全带，以防汽车紧急刹车时，被甩出座位。

撞到障碍物时，自行车快速停下来，骑手会被撞飞。由于惯性，骑手会以骑行时的速度飞出去。

房屋的地基、桥梁的桥墩又大又重，牢牢地固定在地面。如果发生地震，它们会以大的惯性来维持稳定性。

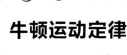

牛顿运动定律

牛顿第一运动定律　双手没有碰到购物车时，它纹丝不动。如果用力推它，它便立刻滚动起来。而且地面越光滑，它滚动得越远。

牛顿第二运动定律　推动空的购物车十分容易，但如果它装满了东西，推动起来便十分费力，这时可能需要请爸爸妈妈帮忙。

牛顿第三运动定律　我们推动购物车的时候，购物车其实也在推我们，这两个力大小相等，方向相反，并且在同一条直线上。

知识加油站

枪乌贼（俗称"鱿鱼"）是游泳高手，这得益于它们拥有天生的"火箭推进器"——外套腔。一旦腔内灌满水，外套腔便会关上。鱿鱼使劲压缩外套腔，腔内的水从颈部的漏斗喷出，喷水的反作用力推动鱿鱼快速前进。

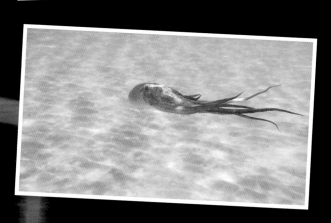

旋转的风暴

旋转，是宇宙中物体运动的普遍方式。从微观的分子、原子到宏观的宇宙天体，从巨大的摩天轮到小巧的陀螺仪，各种各样的物体都像优美的舞者，按照各自的规则旋转着。

在修建公路和铁路时，人们有意将转弯处修建得一边高一边低。当汽车、火车开过来的时候，车身自然而然地朝弯道中心倾斜，这样便产生了一个向心力，保证汽车和火车不会因为惯性径直"飞"出去。

天体的旋转

人造卫星、宇宙飞船和月球绕着地球旋转，而地球绕着太阳旋转，这些运动都有一个共同的特点：绕着一个中心转动。对于巨大的天体来说，它们彼此之间有引力相互牵引，却又不会因为引力而冲撞到一起。这是为什么呢？在惯性的作用下，月球围绕地球旋转，会产生一个背离地球的力，但是地球对月球的引力又把月球拉近。两种力在恰当的位置抗衡，实现了完美的平衡，因此月球就不会径直冲向地球。

可怕的旋转

自然界的龙卷风就像急速旋转的巨型漏斗。在厚厚的积雨云下，高空中的冷气流急速下降，地面上的热气流猛烈上升。上升的热气流在高空中与下沉的冷气流相遇，上下层空气频繁"串门儿"，产生旋转作用，形成了许许多多的小旋涡。小旋涡追着风奔跑，变得越来越大，最终成为一个水平方向的空气旋转柱。空气旋转柱的两端渐渐弯曲，从云底盘旋而下，并在地面肆虐穿行。

高难度旋转

在田径赛场上，链球运动员双手紧握链子一端的把手柄环高速旋转，链子的另一端系着一个球体。在拉力作用下，链球一圈一圈快速转动。到某一时刻，运动员一松手，链球便沿着一个方向快速飞出去。链球之所以能整圈转动，是因为始终被手臂拉着，这个拉力沿着手臂指向圆圈的中心，因此被称为向心力。向心力不同寻常，它只负责改变链球的运动方向，而不改变其运动速度的大小。

知识加油站

龙卷风一旦来袭，便会在空中、陆地或水面肆虐穿行。其风速不容小觑，可达 100 米／秒以上。龙卷风的直径最小只有几米，而最大可达数千米。它的移动路径短的仅数十米，长的可超过 100 千米。

"巨大"的旋转

摩天轮缓慢地旋转。坐在摩天轮小小的座舱里，人们可以俯瞰四周的美景。最早的摩天轮由美国人乔治·费里斯为 1893 年芝加哥世界博览会而设计，目的是与在 1889 年巴黎世界博览会展出的埃菲尔铁塔一较高下。第一座摩天轮重 2 200 吨，可乘坐 2 160 人，高度相当于 26 层楼高。

天津之眼

它的顶部距离地面 120 米，有 48 个乘舱，可乘坐 384 人左右，转 1 圈大约需要 28 分钟。

伦敦眼

它的顶部距离地面 135 米，有 32 个乘舱，可乘坐 600 人左右，转 1 圈大约需要 30 分钟。

稳定的旋转

当陀螺仪开始运转时，它会绕着底部的支点不停旋转，高速旋转时，就像不倒翁一样。哪怕将它放在一根细线，甚至是在圆珠笔的球珠上，它都可以轻松地完成旋转。陀螺仪内装有一个很重的轮子，它可以将陀螺仪不断拉回直立的状态，让陀螺仪在任何地方都能保持平衡。

如今，陀螺仪早已成为飞机、导弹、火箭等的"平衡大师"。如果飞机出现重心偏移，陀螺仪会迅速捕捉到，并将偏移的信息迅速传给飞机的水平舵或垂直舵，协助飞机调整飞行姿态，保证安全飞行。

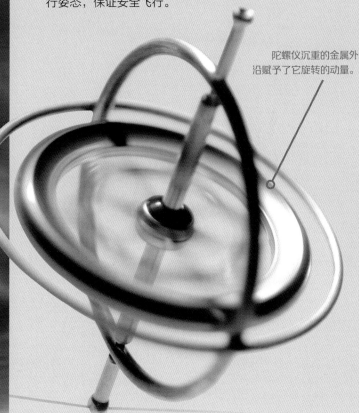

陀螺仪沉重的金属外沿赋予了它旋转的动量。

陀螺仪可以自由地旋转，并保持完美的平衡。

我们居住的地球也是一个大"陀螺"，它绕着一条穿过南北两极的地轴不停旋转。不过，我们看不到这条假想的轴线。至今，这个巨大的"陀螺"已经昼夜不停地旋转了 46 亿年。

寻找离心力

物体旋转时的向心力让物体不断地改变方向，在这个运动中，还有一个力与向心力如影随形，它们大小相等，方向相反，那就是离心力。离心力使得旋转的物体远离其旋转的中心。

倒挂也不会掉落

过山车的轨道蜿蜒曲折，像巨龙一样盘踞在游乐场。过山车到达回环轨道的顶端，乘客完全倒了过来，却不会坠落，这是为什么呢？原来是离心力在发挥作用。物体旋转得越快，产生的离心力就越大。过山车以很高的速度冲入回环，在到达回环顶端时，重力把游客往下拽，离心力把乘客往上压，而离心力比重力要大一些。于是，乘客仿佛被按在座位上，一点儿也不用担心会掉下来。

弯弯曲曲的河流

早在远古时期，人们就发现，河流大多弯弯曲曲地流淌着，像蜿蜒爬行的蛇一样。除了地质不均匀等原因外，还有离心力在"捣鬼"。当河流在某个地方微微发生弯曲，它很难恢复到原来的流向。弯曲的河流在离心力的作用下压向凹陷的河岸，并不断地侵蚀岸边的泥沙。渐渐地，凹陷的程度逐渐变大，弧度随之变大，离心力也随之变大，河水对凹陷一侧河床的冲击力加强。因此，哪怕一开始只有一点细微的弯曲，最终也会"长大"。

离心力大师

在森林王国里，它身材瘦小，但仅凭一臂之力，纵身一跃便可穿行 12 米远，它就是长臂猿。长臂猿把离心力当作一切活动的手段。不论是玩耍、争食，还是逃跑，都依靠圆周运动。在握着树枝前进时，它用一只手臂绕着树枝旋转一圈，速度快到眼睛都来不及观察，随即又会以同样的速度，继续前进。

使用洗衣机的脱水功能时，带有开孔的水槽高速旋转。湿衣服在离心力的作用下，被压向水槽的壁面，水从孔中飞出去，衣物很快就变干了。

下雨天，伞面挂满雨滴，旋转雨伞把，雨滴会因为离心力的作用从伞面飞洒出去。

陶轮转动时，轮盘上的泥料由于离心力而向外溅出，制陶人用双手巧妙地把控着这股力，将泥料制成陶器胚体。

知识加油站

离心力与物体转动的速度成正比，转动的速度越大，离心力越大。

在血液检验科，医生会对血液进行离心分离。离心之后，可以获得缺乏血小板的血浆，从而更有利于在体外测试凝血功能。

老式棉花糖机的中心部位有个温度很高的加热腔，当糖浆在加热腔中高速旋转时，离心力将糖浆从小孔中喷射到"大碗"的周围。

感受神奇的离心力！

找一个小塑料桶，在其中装入大约 500 毫升水。拎起水桶提手，快速转圈，让水桶随着你一起旋转。试着增加水桶的高度，并加快转圈的速度，看看会发生什么？

当水桶的高度和胳膊齐平，甚至越过头顶、桶身向下倾斜，水都不会洒出来。这是因为，水桶做圆周运动的速度很快，尽管重力将水往下拽，但离心力大于重力，它把水牢牢地按在水桶内。

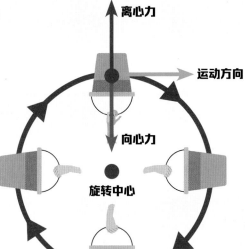

"旋转水桶"实验的示意图
（当水桶与胳膊齐平时）

能量的威力

物质和能量是组成宇宙万物的"两大巨头"，而且物质的本质也是能量！植物捕获太阳的能量，才能枝繁叶茂并结出果实；人类通过饮食把能量摄入体内，并用能量来运动、思考、睡觉和呼吸。出行、上学、工作、生产，生活中的一切都离不开能量。

❶ 宇宙在不到一百亿分之一秒内就开始膨胀了，之后出现了第一个基本粒子。

❷ 30 万年后，宇宙温度充分冷却，原子核能够捕捉电子，从而形成了第一颗原子。

❸ 由氢气和氦气组成的气体云飘浮在太空中。大爆炸 4 亿年后，形成了第一颗恒星。

❹ 星系形成，其间不断演化出新的恒星、行星和其他物质。

❺ 大约 46 亿年前，太阳系形成，地球随之苏醒。

太阳系中的行星正在形成。

能量是怎样诞生的？

大约 138 亿年前，宇宙诞生于一次剧烈的爆炸。这次爆炸没有摧毁物体，相反，它创造了一切！它被看成是宇宙空间的开始和时间的起点。

在大爆炸发生的瞬间，宇宙完全由能量构成。随后，在短短的 1 秒钟之内，这种能量就开始变为物质的基本粒子，30 万年后又变为原子，最后形成了宇宙间的恒星和行星。我们所在的太阳系大约在 46 亿年前形成。

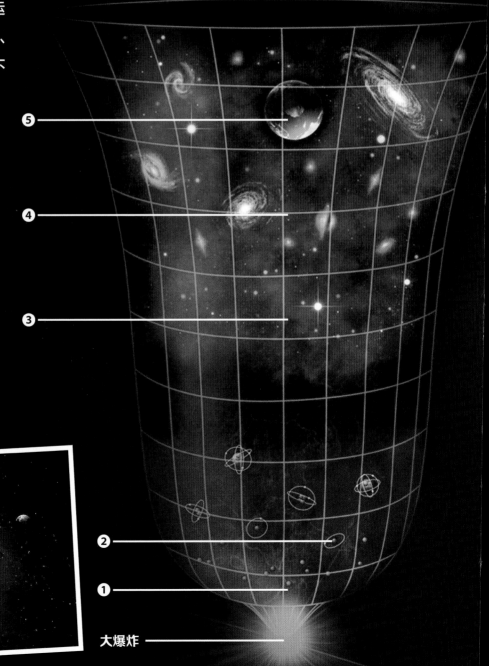

大爆炸

到处都是能量

不论做什么，能量都是不可或缺的。在家里，能量可用于取暖、照明、烹饪。在外面，能量为人们的出行工具提供动力。令人惊讶的是，世界上大部分的能量都被工商业所使用。

8% 家里消耗的能量

电灯、电冰箱、空调、洗衣机、电饭煲、热水壶，这些家用电器都得依靠电能才会正常工作。做饭时需要用到天然气提供的能量。

19% 用于交通的能量

飞机、轮船、火车、汽车，没有能量它们无法运行。交通工具可以带你去任何你想去的地方，它们也常被用来运输货物。

39% 用于工厂的能量

汽车厂里的机器人在生产线上忙碌，酒厂里蒸馏塔内的液体"咕嘟咕嘟"不停沸腾，这些都离不开能量。

6% 商业用能量

这和家里消耗的能量比较相似，不过，它们主要出现在办公室和商场里。

28% 其他的用途

能量还有其他各种用途，比如农业里的化肥、农药生产以及温室大棚供热等。

力学里的能量

物理学家用能量来表征物体做功的本领。必须拥有能量，才能做功，就好像吃饱了才有力气干活一样。做功的过程，其实就是能量转换的过程。在力学里，物体沿着力的方向运动，叫作"做功"。

与"做功"相对应的还有"功率"。在日常生活中，功率的踪影随处可见，它标在冰箱和空调的外表面上，也写在电磁炉和电风扇的说明书里。空调工作一小时，所做的功，就是功率。电风扇转动一小时，所做的功，也是功率。家用空调的功率比家用电风扇的功率大得多，也费电得多！所以，如果想节约用电，在炎热的夏天，你可以选择开电风扇而不开空调。

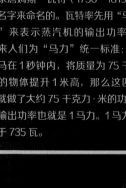

知识加油站

"瓦特"这个单位是以英国发明家詹姆斯·瓦特（1736—1819）的名字来命名的。瓦特率先用"马力"来表示蒸汽机的输出功率。后来人们为"马力"统一标准：1匹马在1秒钟内，将质量为75千克的物体提升1米高，那么这匹马就做了大约75千克力·米的功，其输出功率也就是1马力。1马力等于735瓦。

物理学家使用的符号

物理量	单 位	符 号
功、热量和能量	焦耳	J
功率	瓦特	W
电功	千瓦·时	kW·h

1千瓦·时 =1×1000瓦 ×3 600秒 =3 600 000焦

各种各样的能量

物理学家将物体的重力势能、弹性势能和动能之和称为"机械能"。荡秋千时，动能和重力势能相互转换，如果没有空气阻力，那么你会一直荡下去，根本停不下来。

热 能

携带能量的原子不停抖动并相互碰撞，产生的能量被称为"热能"。物体携带的热能越多，它的原子就运动得越快。即使十分冰冷的物体也拥有一些热能。如果我们能让这些原子不再运动，就可以制造出完全冰冷的物体。

储存的能量

储存在一个系统内的能量被称为"势能"。它就像银行中的活期存款，能够随时提取，供我们日后使用。人们以做功抵抗重力或弹力的方式将能量储存下来。手臂将斧子高高举起，你的身体其实是在克服地球对斧子的吸引力，你消耗了肌肉中的能量，但斧子却获得了重力势能。如果你把斧子松开，那么，斧子就会落到它下方的木头上，将木头劈开。同样的道理，射箭时手把弦拉弯，弦因为形变获得了弹性势能。放手后，被拉弯的弦就有能力把箭推出去。

光 能

光是我们可以看见的能量！它来自熊熊燃烧着的太阳。在穿行于太阳系的所有电磁波谱中，光只是其中的一小段。还有许多与光类似的电磁波——无线电波、红外线、紫外线、X射线、γ射线，它们也都属于能量，只是凭肉眼看不见。

湍急的流水拥有动能，可以对石头做功。

运动的能量

当把储存的能量"货币"从"银行"里提取出来，它们迅速"改头换面"，变成动能。松开高高举起的斧子，斧子落下，它所拥有的重力势能快速转换为动能；松开拉弯的弦，弦快速弹回，它所拥有的弹性势能也快速转换为动能。帆船在风中扬帆起航，湍流将石头冲走，流动的空气和水，也都具有动能。

风拥有动能，可以对帆船做功。

金属钠非常活跃，
遇水时会剧烈地燃烧。

化学能

物质在发生化学反应时会
释放能量。烟花里的黑火药被
点燃时，发生剧烈的爆炸，黑
火药的化学能变成了光能和热
能。人体内无时无刻不在发生
化学反应，所以人体也拥有许
多化学能。

正在冒泡的热水
拥有动能和热能。

风力发电
机和太阳能电
池板将风能
和太阳能转
换为电能。

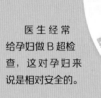

医生经常
给孕妇做B超检
查，这对孕妇来
说是相对安全的。

各种各样的灯光
点缀着城市的夜景。

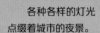

声 能

声能和光能一样，也是因为振
动而产生的能量。其中，超声波用
处最为广泛，可以用来焊接、清洁
和探测。如果你购买眼镜，眼镜店
会免费给你清洁眼镜，用超声波清
洗，又快又干净。在医院，医生会
运用超声波来诊断某些疾病。

电 能

电能是人类应用得最为广泛的一种能量。它可以
为我们照明，驱动冰箱、电视机、电脑等各种家用电器。
人类已熟练掌握了火力、水力和风力发电的方法，同
时还懂得利用太阳能、核能来发电。

永动机的谎言

古代的人们对能量并非一无所知，相反，他们执着地追求永不枯竭的能源，这一点不亚于他们对长生不老和点石成金的向往。尽管一件也没有成真，但人们乐此不疲的追求却带来了意想不到的收获：人们在炼丹过程中发现了火药；炼金术使人们知道各种物质的性质，打开了现代化学的大门；对永动机的追求，让人们发现了热力学第一定律，奠定了现代物理学的基础。

"飞驰"的红球拥有动能，能量依次传递给最右边的球，最右边的球获得能量后飞出，再回落，将能量依次传回给红球，如此往复。不过，因为有能量损耗，它们最终都会停下来。

古老的永动机——魔轮

13世纪，法国人亨内考设计了一种特别的永动机——魔轮。他在一个大轮子的中心安装一个转动轴，轮子的边缘安装12根活动杆件，每个杆件的顶端装有一个铁球。亨内考设想：右边杆件上的铁球比左边杆件上的铁球离中心的转动轴更远一些，这样，右边的铁球产生的力矩比左边铁球产生的力矩大一些。因此，一旦启动，大轮子就会沿着启动的方向不停地转动下去，并带动机器工作。结果，机器做好后，轮子只转动几圈就停下来了。原因很简单！永动机内部的零件之间有摩擦，能量因为摩擦发热很快就消耗掉了。

达·芬奇按照亨内考的思路也发明了类似的永动机（见左图），最后试验同样以失败而告终。达·芬奇敏锐地意识到：幻想永恒的运动，是徒劳无功的。

理想的设计

16 世纪 70 年代，意大利一位名叫斯特尔的工程师提出了另一种永动机的设计方案。其设计原理是，让安装在高处的水箱向下出水，下落的水流冲击水轮转动。转动的水轮一方面带动水磨转动对外做功，另一方面通过一组齿轮传动，驱动螺旋汲水器，把流入下方蓄水池里的水重新提升到高处的水箱中。通过这样的内部循环，整个装置就可以不停地运转下去，并对外做功。然而现实不尽如人意，这个装置运行不久，流回水箱的水越来越少，最后水全部流进了下方的蓄水池。

19 世纪，英国科学家詹姆斯·焦耳提出了"能量守恒定律"。

戳破谎言的真相：能量守恒定律

能量不会凭空产生或消失，只会从一种形态转换成另一种形态，或从一个物体转移到另一个物体。在此过程中，能量总和不变。

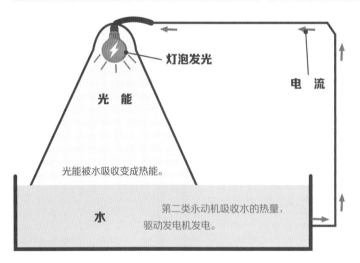

灯泡发光

电流

光能

光能被水吸收变成热能。

水

第二类永动机吸收水的热量，驱动发电机发电。

新型永动机

在制造第一类永动机的尝试失败之后，有人又幻想制造另一种永动机。它是一种热机，可以直接从海洋或大气中吸取热量，使之完全变为机械能并做功。人们设想：由于海洋和大气的能量是取之不尽的，因而这种热机可以永不停息地运转做功。然而第二类永动机的想法也破灭了。

戳破谎言的真相：热力学第二定律

任何热力循环发动机不可能将所接受的热量全部转变为机械功。

三峡大坝上游的水，由太阳蒸发陆地和海洋的水变成降水来补充，所以它并不是永动机。

能量的转换

我们不能像变魔术那样让能量出现或消失，但我们却可以改变它的形态。走路时，身体的化学能转换为动能；吃饭时，食物的化学能转换为身体的化学能。烧水的时候，燃料的化学能转换为水的热能；沸腾的水将壶盖顶开，水的热能又转换为壶盖的动能。据说，英国发明家瓦特正是从沸水顶开壶盖这一现象获得了启迪，经过长时间钻研，发明了往复式蒸汽机。1814 年，英国人斯蒂芬孙将瓦特的蒸汽机装在火车上，从此，陆路运输快捷了许多！

当我们运动时，身体里储存的葡萄糖快速"燃烧"，产生的能量传递给肌肉和皮肤等组织。在这个过程中，化学能会转换为机械能和热能。

蒸汽机车把煤的化学能转换为蒸汽的热能，再转换为车体的动能。

太阳能汽车将太阳的光能转换成电能，驱动电动机运转。

冬天，在室外感到寒冷时，我们会不由自主地搓手，让手渐渐变得暖和。这是因为在摩擦过程中，手的动能转换成了热能。

💡 知识加油站

"泰坦尼克"号是英国白星航运公司下辖的一艘奥林匹克级邮轮，排水量约为 46 000 吨。历时两年多的时间建造，"泰坦尼克"号成为当时世界上体积最庞大、内部设施最豪华的客运轮船，被誉为"海上都城"。它的处女航从英国南安普敦出发，途经法国，驶向美国纽约。

"泰坦尼克"号沉船之谜

震惊世界的海难

1912 年 4 月 14 日的晚上，一艘华丽的巨轮行驶在浩瀚的大西洋上。气温很低，在 −10℃左右。人们欢欣鼓舞于能够搭上这艘号称"永不沉没"的轮船，见证它的处女航。晚上 11 点 40 分，欢乐的宴会还未结束，瞭望员突然发现轮船前方的海面上漂浮着不明的庞然大物。等到报告后采取措施时，速度约 45 千米╱时的巨轮已经来不及避让，船头右舷撞上了冰山。大约 160 分钟后，船体断裂成两截，随后渐渐沉入大西洋海底。2 224 名船员及乘客中，逾 1 500 人丧生，整个世界为之震惊！

谁是罪魁祸首？

"泰坦尼克"号沉船悲剧发生后，人们纷纷讨论事故发生的原因。正常情况下，船体碰撞冰山后应当会向内凹陷，出现一个大坑，而不是裂开一个大口子。当时的温度很低，会是因为这个缘故而导致灾难发生的吗？

材料专家们在实验室中反复研究钢材的低温性能后，终于弄清楚：钢材在低温下会变得很脆，在极低的温度下会像陶瓷那样经不起冲击和震动。材料抗冲击、抗断裂的能力叫作"韧性"，钢材的韧性会随温度的降低而变小。在某一个温度范围内钢材会由塑性破坏很快地转变为脆性破坏。

对船舶用钢来说，塑性向脆性转变的温度大约在 −40 ~ 0℃之间。不幸的是，"泰坦尼克"号正是在这一温度范围的海域航行的。

无所畏惧的破冰船

破冰船的船体由特殊的高强度钢制成。它的韧性非常好，即使在 −70℃的低温环境下，也可以经受住冰雪的冲击而不破裂。普通邮轮很少采用这种钢材制造，因为成本太高。不过，人们已经清楚了船体的转变温度，会尽量避免在低温下航行。假如"泰坦尼克"号是在 20℃左右的气温下航行，即使碰上冰山也只会凹陷，而不会破裂。加之现代的导航技术非常发达，撞上冰山也是概率极小的事件了。

俄罗斯的破冰船在海冰中巡游。

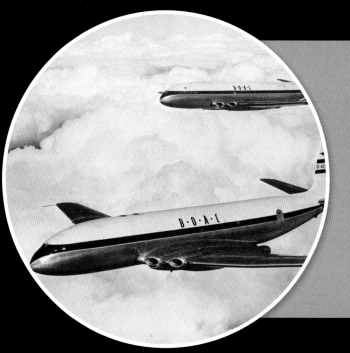

一切起源于裂缝

无独有偶，1954 年，英国两架"彗星"号喷气式客机先后因为增压舱突然破裂，而在地中海上空发生爆炸。一开始人们认为是材料的强度不够造成的，于是利用高强度合金钢来制造关键部位的零件。结果事与愿违，断裂破坏现象有增无减。后来，科学家在深入研究后，发现高强度材料中存在着一些极小的裂纹和缺陷，正是这些裂纹和缺陷的扩展造成了断裂破坏。金属材料遇到低温，微小的裂纹就会以极快的速度扩展，最后导致材料断裂。

❶ 塑性破坏

塑性破坏变形大，变形持续时间长，容易及时发现而采取补救措施。

❷ 脆性破坏

脆性破坏前没有明显征兆，无法及时察觉和采取补救措施。

铺路时，需要把热的沥青倒在路面上，并趁热压平。这是因为热的沥青塑性强，等到冷却后，沥青脆性变强，就不容易变形了。

冬天水管之所以容易冻裂，除了管内的水结成冰而导致体积变大之外，还缘于水管遇到低温会变脆，禁不起太大的压力。

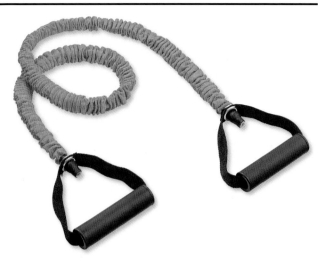

肺活量越大，可以把气球吹得越大。

灵活的变形体

用力吹气球，气球渐渐变大；向后拉开弹弓，皮筋被拉伸；跳落到蹦床上，你能快速被弹起；玩橡皮泥时，你能捏出任何想要的形状……在力的作用下，物体会发生伸展、弯曲、挤压等变形。

捏一捏

试着捏一下自己的皮肤，然后松开，它能直接弹回，这是因为年轻人的皮肤富有弹性。年纪大的人皮肤弹性降低，所以有较多皱纹。

恢复原状——弹性

当你向气球里吹气，气球开始膨胀。如果你以同样大的力气吹两次，那么它几乎能膨胀为之前的两倍大。如果你吹的力气过大，它将会"砰"的一声爆裂。当你学着爸爸妈妈的样子，用悬挂式的弹簧秤给蔬菜称重，你会发现称1个西红柿，弹簧伸长了一些；称1颗大白菜，弹簧伸得更长。而如果不再称重，弹簧又会恢复到原来的长度。

和气球、弹簧一样，橡胶、海绵都是常见的弹性材料。它们在外力作用下很容易伸展，外力消失后又会恢复原状。

让橡胶更结实

橡胶由从橡胶树采集的白色黏稠物——"胶乳"加工制成。胶乳可以用来制造气球等有弹性的物品，但不结实。对生橡胶用硫进行热处理，它的颜色会由白变黑，变成坚韧的熟橡胶。这时弹性虽然下降，却更加结实，更经久耐用。

正在采集的胶乳

用胶乳制成的手套

用橡胶制得的轮胎

知识加油站

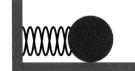

英国物理学家罗伯特·胡克用弹簧做实验时发现：弹簧的伸长量，会随着弹簧上所加物体重量的大小而变化。为了纪念胡克开创性的发现，人们将这一定律称为"胡克定律"。

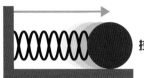

正 常

拉 伸

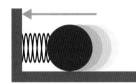

压 缩

谁最有弹性？

水凝胶是世界上最有弹性的材料，可以被拉长 20 倍！

难以复原——塑性

有些物体不能像弹簧一样，变形后还可以恢复到原有的形状。当你对它们施以较大的力时，它们只会变弯或被折断，并且永远不会复原，我们称之为"塑性物体"。泥巴、混凝土、骨骼、岩石都是常见的塑性物体。有些用金属制成的物体——易拉罐、勺子、叉子等，也属于塑性物体。

变形的易拉罐

变形的勺子和叉子

为了研究方便，地震学家把由岩石构成的地壳看作是弹性塑性体。如果板块之间的作用力足够大，岩石会迅速由弹性变形发展为破裂，形成地震。

弹性塑性体

大部分固态物体既有弹性，又有塑性。当外力不是很大时，它们更愿意表现出弹性；当外力很大时，弹性不再发挥作用，它们就会表现出塑性。在使用弹簧秤时，要特别留意，只能称量限重以内的物体。如果物体太重，弹簧秤就会失去弹性，彻底坏掉。

让钢铁更坚硬

自然界中几乎找不到纯铁，就算是工业纯铁中也含有极少量的杂质和碳。工业纯铁质地特别软，因为电磁性能好，所以你能在电子元件中发现它。如果加入适量的碳，纯铁就会变成生活中随处可见的钢铁。遗憾的是，钢铁硬度虽然变大了，它的塑性却变差了，很难两全其美。

国家体育场（鸟巢）外层由钢网构成，镂空的钢结构十分坚固，内部没有一根立柱。

鲸与潜艇

鲸为了寻找食物，经常潜入很深的海水中；潜艇为了隐蔽自己完成任务，也必须潜入很深的海水中。在海水的巨大压力下，它们早已锻造出一副副"钢铁之躯"！

鲸——潜水高手

蓝鲸是世界上最大的鲸，也是目前世界上最大的动物。一只成年的蓝鲸体长可达 33 米，体重可达 200 吨，这相当于 20 头大象的重量！光肺就有十几吨重，这让它拥有了储存大量空气的本事！蓝鲸浮出水面吸进足够的氧气后，可以潜入水下超过 100 米深的海域，在那里寻找食物。

抹香鲸比蓝鲸更厉害，它可以潜入深海 3 000 米处捕食！那里的水压有 300 多个标准大气压那么重。抹香鲸之所以能承受这么巨大的压强，是因为它拥有坚固的骨骼构造。它的肌肉极富弹性，在深海潜水时可以收缩，以此缓解巨大的压强。它的内脏还能分泌出类似鲸脂的物质，包覆着重要的器官，以保证器官不受伤害。

潜艇拥有漂亮的流线型身躯，以便能在水中穿行自如。

神秘的潜艇

常规潜艇下潜深度大多在 300 米，这里的水压有 31 个标准大气压那么重。尽管条件恶劣，它们依然可以连续潜航 45 天。

潜艇的外形大多呈流线型，这让水下运动时的阻力大大变小。双壳结构的艇体比较常见，内壳是采用高强度的钛合金材料制成的耐压艇体，可以保证潜艇在水下活动时，承受住巨大的压强。外壳是钢制的非耐压艇体，因为与外界连通，无须承受海水的压强。两层壳之间巧妙地设置了压载水舱和燃油舱。如果潜艇想潜入深处，就要打开压载水舱，往里面灌水，以增加重量。

知识加油站

潜水器的世界最大下潜深度为10 916米，由美国"的里雅斯特"号深潜器实现；中国最大下潜深度为10 909米，由中国"奋斗者"号潜水器实现。

在平静的水面下，不论身处何处，水都会受到来自四面八方的压强。因为它们大小相等，水才得以保持静止。如果任意方向的压强发生改变，水就会被推动，形成激流。

水 面 　　↓↓↓↓↓↓ 1个标准大气压的气压

水深 10 米 　　↑↑↑↑↑

水深 100 米 　　↓↓↓↓↓ 10个标准大气压的水压 + 1个标准
　　↑↑↑↑↑ 大气压的气压

水深 300 米 　　↓↓↓↓↓ 30个标准大气压的水压 + 1个标准
　　↑↑↑↑↑ 大气压的气压

水深 3 000 米 　　↓↓↓↓↓ 300个标准大气压的水压 + 1个标准
　　↑↑↑↑↑ 大气压的气压

轮 船

潜水爱好者

蓝 鲸

常规潜艇

抹香鲸

船厂工人用高压水枪冲洗船体。

高压水切割机在切割钢板。

"锋利"的水

柔软的水，也能化身为锋利的"武器"。有一天，物理学家帕斯卡找来一个密闭的装满水的木桶，在桶盖上插入一根很长很细的管子，向细管里灌水。结果，只倒了几杯水，桶就裂了。原来，细管子里的水深度很深，它对木桶产生了一股很大的力。人们将单位面积上受力的大小称为"压强"，其单位是"帕斯卡"（简称"帕"）。

哪里的压强更大？

找一个空塑料瓶，在它的侧壁上端、中间和下端各打一个小孔，用胶布堵住小孔，向瓶中注满水。再撕掉胶布，观察水流出的情况。你会发现，下端流出的水又急又远，上端流出的水又缓又近。

不一样重的空气

空气远比我们想象的重得多！海平面上1个大气压约为10万帕。高度越高，气压越低，在3万米的高空，气压约为海平面上的十分之一。

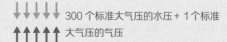

在一个装满水容器里，离水面越远的地方，水的压强越大。

气体与液体的怪脾气

"泰坦尼克"号的传奇姊妹船——"奥林匹克"号邮轮也曾在历史上留下了一个未解之谜。

离奇的撞船事故

1911 年的秋天,"奥林匹克"号邮轮正在波浪滔滔的海上航行,速度为 25 千米／时。在距离它 100 米左右的海面上,一艘比它小得多的铁甲巡洋舰"霍克"号以 34 千米／时的速度向着同一方向并排快速前进。彼此并没有注意到对方的存在。就在这时,惊人的一幕发生了!正在疾驰中的"霍克"号好像被什么力量吸引了似的,一点也不服从舵手的命令,竟一头向"奥林匹克"号撞去。最后,"霍克"号的船头在"奥林匹克"号的船舷上撞出了一个大洞,造成了一起重大的撞船事故。当时,没有人知道究竟是什么原因酿成了这次无妄之灾。

幕后推手

后来,人们找到了真相,这次事故的发生,是伯努利定理在"捣鬼"。气体和液体都有这么个"怪脾气":当流体流动得快时,对旁侧的压力变小;当流体流动得慢时,对旁侧的压力变大。

"奥林匹克"号和"霍克"号并行时,它们的船舷中间流道比较狭窄,水流得比两船的外侧快一些,于是两船的内侧受到的水的压力比两船的外侧受到的水压小。这样,船外侧的较大压力就像一双无形的大手,将两船向内侧推挤,使得两船互相吸引。此时,两船的航向都发生了变化。"霍克"号由于质量小,惯性也小,在这种情况下,运动状态更易发生改变,因此看上去好像突然改变了航向,加速向旁边的"奥林匹克"号撞去。

知识加油站

早在 1726 年,数学家丹尼尔·伯努利就发现了水流和气流的这种"怪脾气",但一直没有引起人们的重视。后来,人们用他的名字来命名了这一定理,即伯努利定理。

压力小

发生了什么?

找两张平整的纸张,两手各拿一张,放到嘴边。往纸张的中间吹气,你会发现,两张纸张彼此靠近。赶快试一试吧!

游泳请避开湍流!

不要去水流湍急的江河中游泳,那是一件很危险的事!因为江河中心处水的流速大,压力小,压力差会把你推向江河中心。

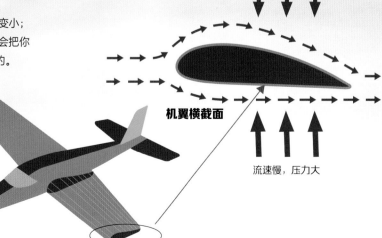

掀翻屋顶的狂风

刮大风时,屋顶上面的空气流动得很快,而屋顶下面的空气流动很慢。这时,屋顶下面的空气压力大于屋顶上面的空气压力。如果风速持续增大,达到某个临界点时,这个压力差就会把屋顶掀翻。

站在安全线外!

当火车飞驰而来时,火车带动空气快速流动,压力变小;而你背后的空气流动缓慢,压力相对较大。这股压力差会把你推向火车。为安全起见,现代的高铁线路都是全线封闭的。

笨重的飞机为什么会腾空而起?

迎面吹来的风被机翼分成两部分,由于机翼横截面形状上下不对称,在相同的时间里,机翼上方气流要跑的路程更长,所以上方的流速大于下方的。根据伯努利定理,气流在机翼上下表面由于流速不同产生压力差,形成了飞机向上的升力。

流速快,压力小

机翼横截面

流速慢,压力大

三峡船闸

闸道：1 621 米

闸数：5 个

闸高：100 多米

闸门：6 套

其中，首级人字形闸门每扇门高37米、宽20米、厚3米。如果平放在地面上，有两个篮球场那么大！

举世无双的连通器

位于中国宜昌三斗坪的三峡大坝，它的水位落差有100 多米。这么大的落差对于发电是大好事，可对于轮船的航行却是大麻烦！

一级一级爬楼梯

当大坝下游的船只驶往大坝上游时，这些船只必须被抬高100 多米，才能越过大坝。当大坝上游的船只驶向大坝下游时，这些船只也要设法下落100 多米，才能继续航行。如何才能实现船只的升降呢？科学家想到了修建船闸（大型的人造连通器）的办法。经过精密的测算，船闸被设计为双线五级连续梯级，不同航向的船只各行其道，互不干扰。通过闸道时，船只随着水位一级一级上升或下降，就好像上下楼梯一样。

知识加油站

在船闸的附近，人们设计出一种升船机。升船机只有一级，船只爬上承船厢，缓缓上升或下降，就好像乘坐电梯一样。

假设船只从船闸的上一级驶往下一级

❶ 关闭下级阀门，打开上级阀门，闸室和上级水道构成了一个连通器。

❷ 闸室水面上升到和上级水面相平后，打开上级闸门，船只驶入闸室。

❸ 关闭上级闸门和阀门，打开下级阀门，此时闸室和下级水道构成了一个连通器。

❹ 闸室水面和下级水面相平后，打开下级闸门，船只驶向下级水道。

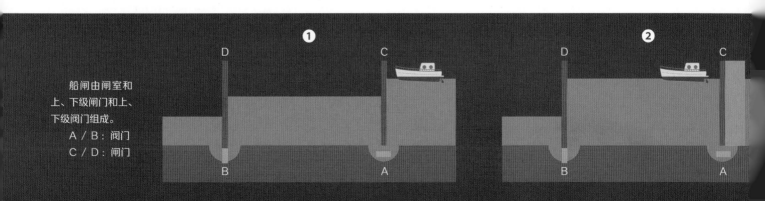

船闸由闸室和上、下级闸门和上、下级阀门组成。

A / B：阀门

C / D：闸门

日常生活中，我们也能看见各种各样的连通器：茶壶、热水壶、喷水壶……它们都有一个共同的特点：壶嘴和壶体基本一样高！如果壶嘴不够高，那么水很容易就从壶嘴溢出来了。

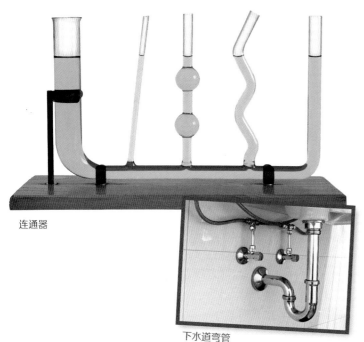

连通器

下水道弯管

什么是连通器？

人们把像水壶一样，上端敞口、下端相互连通的容器，称为"连通器"。每个敞口容器内的液面高度总能保持一致。这是因为液面上的空气压力大小相同。此外，当容器中的液体保持静止时，任意深度的液体受到四面八方的压力也一样大。

如果你留意到厨房水槽的下水管道，就会发现有一段弯管。它的作用不容小觑，当往下冲水时，弯管内会残留一部分水，这部分水有效地阻挡了下水管道里的异味。不过你要特别注意，尽量别往下水管道里扔杂物，那样很容易堵塞弯管！

神奇的虹吸作用

虹吸作用和连通器作用非常相似。虹吸管往往是倒U形的，它的内部充满液体，将虹吸管一端插在高处装满液体的容器内，容器内的液体因为水位高，会通过虹吸管向低处的一端流出。

过去，司机给汽车加油时，往往会将一根弯曲管子的一端插入油桶内油面下，另一端牵往桶外，并让管端低于油面。加油时，设法使管子里充满汽油，然后松开下端的管口。这时，汽油就会经由管子源源不断地被吸出，流入汽车油箱内。管子吸油的作用就是"虹吸作用"。

虹吸装置

虹吸作用在建筑物排水中也很普遍。屋顶的排水管连接着虹吸雨水斗，当雨量不大时，依靠雨水的重力即可实现排水；当雨量很大时，则依靠虹吸作用实现排水。

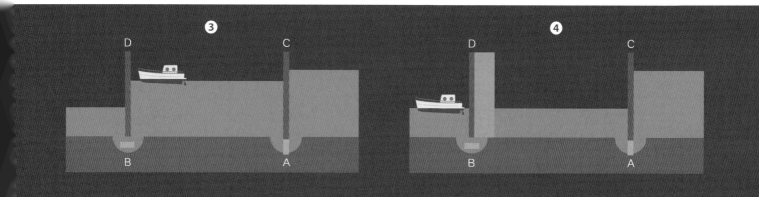

老式蒸汽机车的车头
上都安装着笨重的锅炉。

燃烧的力量——发动机

汽车、火车、轮船、飞机……各式各样的交通工具搭载着人们去往世界各地。它们都有强大的心脏——发动机。汽油、柴油或者其他燃料在发动机里猛烈燃烧，释放的巨大热能转换为动能，交通工具就这样动了起来！

这是工业火力
发电厂的第一台涡
轮发电机，现在早
已成为展览品。

蒸汽机

水壶里沸腾的水变成蒸汽，可以将壶盖顶起来。当水壶变成了大锅炉，蒸汽的力量会大到足以移动又大又重的物体。最早的蒸汽机利用蒸汽驱动汲水桶上下运动。后来，人们把蒸汽机搬到机车上，蒸汽机车里的燃料将水变成 400℃ 的蒸汽。热蒸汽进入气缸，推动活塞往复运动。活塞连着曲柄连杆，活塞的运动变成曲轴的转动，车轮也随之"咕噜咕噜"转动。

用于发电的蒸汽涡轮

火力发电和核能发电都是通过蒸汽涡轮的旋转来发电的。涡轮上有很多叶片，当高温高压的蒸汽猛烈冲击叶片时，叶轮快速地旋转起来。叶轮的转动带动了轴的旋转，进而带动了机器的转动。不一样的是，火力发电靠燃烧煤或者石油产生的能量让水变成蒸汽，而核能发电靠的是铀裂变。

最早搭载蒸汽涡轮的船

世界上第一艘搭载蒸汽涡轮的船是"透平尼亚"号，它于 1894 年制造完成。这艘船通过蒸汽涡轮旋转带动螺杆运动实现前进。在当时，它是航行速度最快的船，速度可达 60 千米 / 时。

在纪念维多利亚女王 60 周年钻石婚时，"透平尼亚"号不请自到，它冲入排列整齐的舰阵之中，将它们远远甩在后面。

内燃机

如果失去蒸汽这位得力的朋友，燃气是否也能驱动机器运转呢？当然可以！在密闭的气缸里，燃料燃烧产生高温高压的燃气，燃气拥有巨大的推力，能轻松推动活塞运动。由于不产生蒸汽，内燃机效率更高。与蒸汽机相比，内燃机身躯更娇小，所以被广泛地用在汽车里。

点火方式有差异

汽油发动机通过火花塞点火，柴油发动机通过压缩空气直接点燃柴油。尽管点火方式不同，但它们的运转原理是一样的。

汽油发动机四冲程

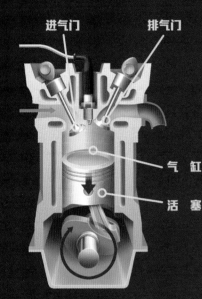

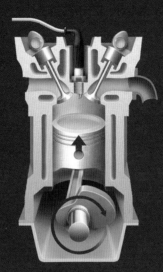

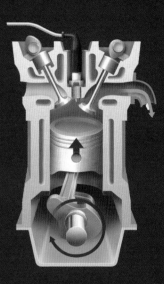

进气门　排气门

气缸

活塞

吸 气
进气门打开，排气门保持关闭，活塞向下运动，燃油和空气的混合物进入气缸。

压 缩
进气门和排气门都关闭，活塞向上运动，燃料混合物被压缩。

燃 烧
火花塞产生电火花，使燃料猛烈燃烧，产生的高温高压气体推动活塞向下运动，带动曲轴转动，对外做功。

排 气
进气门保持关闭，排气门打开，活塞向上运动，将废气排出气缸。

吸气 → 压缩 → 燃烧 → 排气

喷气发动机

喷气式飞机采用喷气发动机作为动力装置。喷气发动机向机尾喷射高温高压的燃气，产生的反作用力将飞机向前推进。高压燃气喷射的势头越猛，飞机受到的推力就越大。和汽车的发动机一样，喷气发动机也不知疲倦地重复着吸气、压缩、燃烧和排气四个过程。

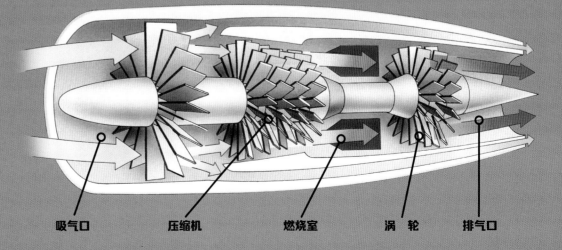

吸气口　　压缩机　　燃烧室　　涡轮　　排气口

轮船为何能浮出水面？

地球被称为"水球"和"蓝色的星球"不无道理，毕竟海洋总面积占据了地球面积的 70% 以上！世界各国之间能保持密切的贸易往来，巨型的货轮功不可没，它们在海上日夜兼程。目前世界上最大的货船可以装载 38 万吨的货物或大约 2 万个集装箱，而每个集装箱几乎和一辆卡车一样大！

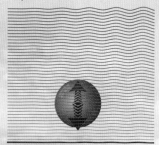

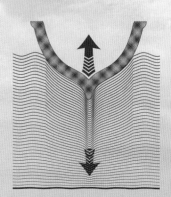

漂浮的钢铁

巨型的轮船一般由钢铁制造而成，它们搭载着沉重的货物，为什么还能浮在水面上呢？要知道，钢铁的密度是水的 8 倍！如果你把一个实心的铁块放入水中，它很快就会沉入水下。

但如果把实心的铁块压成薄薄的"铁饼"，再制成空心的铁箱，事情马上变得不一样了！这时，铁箱的体积比它还是铁块时大得多，它排开的水也比之前多得多，排开水的重量远远大于铁箱的重量，铁箱就可以安然无恙地漂浮在水面上。

不会沉没的轮船

人们根据这个道理，把钢板建造成体积巨大而空心的轮船。即使装上沉重的货物，在水的浮力作用下，轮船也可以轻松地浮在水面上。当然，轮船的外壳上一般都会刻上吃水的深度线，以记录轮船所排开水的多少。只要船的吃水深度在警戒线以下，轮船都可以安全地浮在水面上而不会沉没。

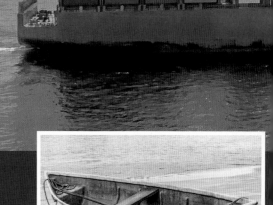

浮力有多大？

物体在水中所受到的浮力，与它排开的水所受的重力大小相等。排开的水越多，浮力越大。

木筏是一种古老的船。将多根木棍并排捆在一起，就成了木筏。它能排开足够多的水，并且排开水的重量比木筏重，于是木筏就浮起来了。

舟也是一种历史悠久的船。最早的独木舟是将一截树干的中心挖空，树干变得十分轻盈，也能排开足够多的水，产生很大的浮力，从而承载很重的物体。

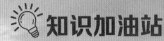
鱼鳔帮助鱼上浮和下沉。

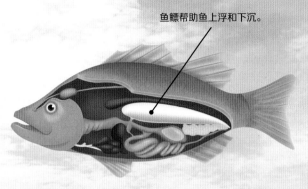

自由沉浮的鱼

　　鱼时而浮出水面，时而又扎进水里玩耍嬉戏，它们可以在水里自由浮沉。这和尾巴、鱼鳍的作用不无关系，但也得益于它们身体里的"救生圈"——鱼鳔。当鱼挥动自己的鱼鳍向上游动时，肌肉放松，鱼鳔吸入空气，体积变大，鱼受到的浮力随之变大，鱼就能轻松游到浅水区。当鱼想下沉时，它就会挥动鱼鳍向下运动，肌肉收缩，此时鱼鳔排出一部分空气，体积变小，鱼受到的浮力随之变小，游到深水区也就轻而易举了。不过，越往下游，水给鱼施加的压力越大，鱼鳔又会吸入一部分气体，增大浮力，以免下潜得太快，沉入水底，再也浮不起来。

　　鱼的上浮下沉给了潜艇的设计很多启迪。潜艇一般会安装有多个压载水舱。当压载水舱里充满空气时，潜艇就会和普通船只一样，漂浮在水面上。如果要下潜，那么潜艇就要给压载水舱蓄水，排空里面的空气，这时潜艇就变重了。当潜艇排开的水的重量和压载水舱蓄水后的潜艇的重量一样时，潜艇就可以悬浮在水中。

如果没有游泳圈，不会游泳的人在深水区将十分危险。把游泳圈套在身上，可以获得足够大的浮力，让身体不会轻易沉入水中。

冲浪是一项划水运动，冲浪板是必不可少的装备！运动员先俯卧或跪在冲浪板上，用手划至适宜的海浪区。当海浪袭来时，冲浪板便会随海浪快速滑行。

热气球为何能升入高空?

不借助工具漂浮在水面上,并不是什么难事,躺在死海里便可以实现!因为死海的含盐量很高,水的密度比人体的密度还大,所以人们沉不下去。而如果不借助工具,能飘浮在空中吗?恐怕不行,与人体相比,空气的密度实在太小了!

第一次飞向天空

人类第一次飞上天空,乘坐的工具是热气球。法国人蒙哥尔费兄弟观察到晾干的衣服被壁炉里的热气吹得飞起来,受到启发后,他们发明了热气球。1783 年 6 月 4 日,兄弟二人的热气球第一次公开实验。他俩用湿草和羊毛在气球下面点火,气球慢慢升了起来。3 个月后,二人又做了一场公开表演,第一批乘客是一只公鸡、一只山羊和一只鸭子。同年,他们又进行了载人实验。搭乘两名乘客的热气球在巴黎上空飞行了 25 分钟,飞行距离近 9 千米。

热气球成功的秘诀在于,空气的密度会随着温度的升高而减小。热气球内部热空气的密度,要比热气球外部冷空气的密度小得多。巨大的热气球排开周围的冷空气,会受到与冷空气重量相等的浮力。这个浮力,足以支撑热气球和人的重量!

放飞的充氦气球

放飞的孔明灯

孔明灯和充氦气球，都是利用空气的浮力升上天空的。

空气的浮力与物体所排开的空气重量大小相等，方向相反。

空中滑行家

有些动物比人类更精通空气的浮力作用，它们纵身一跃，能够轻松实现跳高和跳远！松鼠顶着硕大的尾巴，当它们从高处向下跳的时候，尾巴立刻变成"降落伞"，向上的浮力增加，向下的阻力变大，松鼠便能稳稳当当地降落到地面了。

大尾巴产生的浮力，足以对抗一部分重力。

冒险的尝试——飞艇

见证了热气球的奇迹之后，人们纷纷转向制造可以驾驶的飞行器。1784 年，法国罗伯特兄弟制造了第一艘人力飞艇，飞艇的气囊里充满了氢气。氢气的密度比空气的密度小得多，所以飞艇很快便上升了。可惊险的是，在试飞时，随着高度的增加，大气压变得越来越低，气囊里的氢气膨胀得越来越大，气囊眼看就要被胀破，罗伯特兄弟赶紧用小刀把气囊刺了一个小孔，飞艇这才缓缓降落到地面，化险为夷。

20 世纪初，飞艇成了时髦的交通工具。当时德国最大的飞艇"兴登堡"号载客往返于大西洋两岸。1937 年 5 月 6 日，"兴登堡"号正在美国新泽西州莱克赫斯特海军航空总站上空准备着陆，一场灾难性事故使它在 32 秒内被大火焚毁。人们意识到，充入氢气的飞艇太危险，因为氢气很容易燃烧爆炸。自从那次事故之后，飞艇便纷纷改用氦气充气。

"兴登堡"号飞艇用令人叹息的方式结束了它的最后一次飞行。

火箭为何能冲向太空？

火箭要将卫星或航天器送入太空，彻底摆脱地球的引力束缚，它的速度必须达到 11 200 米／秒。我们已经知道这个速度叫作第二宇宙速度，也叫脱离速度。现代火箭已经可以飞得这么快！

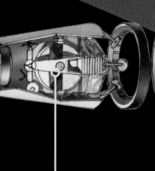

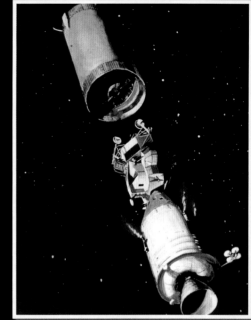

航天员在指令舱操作宇宙飞船，并乘坐指令舱返回地球。

第三级发动机将燃料耗尽后，与登月舱分离。

发射逃逸装置

指令舱

服务舱

登月舱

第三级发动机
载有容量为 253 000 升的液氢和容量为 77 200 升的液氧。

火箭是怎么起飞的？

火箭的飞行原理，有点像正在放气的气球。

当鼓起的气球被放气时，封闭在气球里的被压缩的空气集中在狭窄的口部，急速向外冲出来，将气球往前推进。火箭里的燃料剧烈燃烧，产生高温气流，这股强大的气流向后喷射，形成一股反冲力，推动火箭飞速前进。

火箭的燃料

火箭一般使用液氢作为燃料。氢气和氧气混合后可以剧烈燃烧，产生巨大的推力。火箭有时也使用煤油作为燃料。煤油虽然比液氢的反应速度慢，但同样能够产生巨大的推力，而且所用的燃料箱体积可以更小。

还有些火箭使用的不是液体燃料，而是火药、合成橡胶之类的固体燃料。固体燃料成本更低，能量输出也更大。但是，它们不能像液体燃料那样，可以轻易控制被送往燃烧室的用量，只要一点火，所有固体燃料都会燃尽，无法中止。

1973 年，土星 5 号运载火箭最后一次发射，将世界第一个空间站送入太空。这一次，它只使用了第一级和第二级发动机。

土星 5 号运载火箭第一级发动机拥有 4 个可转向的和 1 个固定的引擎喷嘴。

第二级发动机

载有容量为 1 020 000 升的液氢和容量为 331 000 升的液氧。

适配器

第一级发动机

载有容量为 1 315 000 升的液氧和容量为 811 000 升的高精炼煤油。

多级发动机

太空中没有空气，所以火箭必须自行携带氧气。液氧成了最佳选择。可是，巨大的液氧和燃料箱让火箭变得沉重不堪，它们占到了火箭总重量的 90%。为了解决这个矛盾，火箭的发动机被设计成多级。火箭首先依靠巨大的推力发射，在获得足够的速度后，发动机就开始分离，小型发动机开始工作。这样，火箭就能保持很高的效率继续飞行。

2020 年 7 月 23 日，中国的长征 5 号运载火箭成功发射，它将肩负着首次火星探测任务的天问一号探测器送往太空。和土星 5 号运载火箭相类似，它也采用了多级发动机。

土星 5 号运载火箭是一种多级可抛式液体燃料火箭。土星 5 号曾 7 次将载人的阿波罗号宇宙飞船送上月球轨道。

名词解释

伯努利定理：液体和气体流速快时，对旁侧的压力就减小；流速慢时，对旁侧的压力就增大。

第二类永动机：人们企图制造的一种能在没有温度差的情况下，从某一巨大物质系统（如海水、空气）不断吸取热量而将它转换为机械能的发动机，它违反了热力学第二定律。

第一类永动机：人们企图制造的一种不消耗任何能量就可以永久做功的机器，它违反了热力学第一定律。

动能：物体由于做机械运动而具有的能量。

发动机：把热能、电能等转换为机械能的机器，用来带动其他机器工作。

功：如果一个力使物体沿力的方向通过了一段距离，这个力就对物体做了功。

胡克定律：在弹性限度内，物体的形变跟引起形变的外力成正比。

加速度：速度的变化与发生这种变化所用的时间的比值，也就是单位时间内速度的变化。

力：力是物体对物体的作用，能使物体获得加速度或发生形变。

力矩：表示力对物体产生转动效应的物理量，数值上等于力和力臂的乘积。

密度：由某种物质组成的物体的质量跟它的体积之比。

摩擦力：两个相互接触的物体有相对运动或相对运动趋势时，在接触面上产生的阻碍运动的作用力。

内燃机：是热机的一种。燃料在气缸里燃烧，产生膨胀气体，推动活塞，由活塞带动连杆转动机轴。

能量：物体具有做功的本领叫作物体具有能量，简称能。

能量守恒定律：能量不会凭空产生或消失，只会从一种形态转换成另外一种形态。

势能：相互作用的物体由于所处位置或弹性形变等而具有的能量。水的落差和发条做功的能力都是势能。

速度：运动物体在某一个方向上单位时间内所通过的距离。

弹力：物体发生形变时产生的使物体恢复原状的作用力。

弹性：材料在外力作用下产生变形，外力撤消后能够恢复原来的形状，称为具有弹性。

万有引力定律：任何两个物体都是相互吸引的，引力的大小跟两个物体的质量的乘积成正比，跟它们的距离的平方成反比。

压强：物体所受压力的大小与受力面积之比叫作压强。

蒸汽机：通过燃烧使水变为蒸汽，利用蒸汽的力量使气缸里的活塞做往复运动的机械叫作蒸汽机。

重力加速度：一切物体在自由落体运动中的加速度都相同，这个加速度叫自由落体加速度，也叫重力加速度。

重心：物体的重力作用点所在的位置。对于规则的几何体，重心就在几何中心。

作者简介

何兆太

湖北省机械设计与传动学会常务理事，湖北理工学院机械工程学院原院长、学术委员会委员。研究方向为现代设计方法与先进制造技术，先后研制机械类新产品 3 项，主持完成机械类课题 10 余项。获省级优秀教学成果二等奖 1 项，市科技进步提名奖 1 项。出版《机械加工工艺师手册》等著作 3 部，发表学术论文 40 余篇。

图书在版编目（CIP）数据

有趣的力学 / 何兆太著. — 上海：少年儿童出版社, 2021.10

（中国少儿百科知识全书）

ISBN 978-7-5589-1103-3

Ⅰ.①有… Ⅱ.①何… Ⅲ.①力学—少儿读物 Ⅳ.①O3-49

中国版本图书馆CIP数据核字（2021）第182310号

中国少儿百科知识全书

有趣的力学

何兆太 著

刘芳苇 魏嘉奇 装帧设计

责任编辑 沈 岩 策划编辑 左 馨

责任校对 黄亚承 美术编辑 陈艳萍 技术编辑 许 辉

出版发行 上海少年儿童出版社有限公司

地址 上海市闵行区号景路159弄B座5-6层 邮编 201101

印刷 深圳市星嘉艺纸艺有限公司

开本 889×1194 1/16 印张 3.75 字数 50千字

2021年10月第1版 2024年10月第4次印刷

ISBN 978-7-5589-1103-3 / Z · 0032

定价 35.00元